Vida en la granja
Vida en el bosque
Vida en los campos
Vida en las montañas
Ilustraciones de Philippe Salembier
Texto de Pascale Védère d'Auria
Adaptación de Mercedes García

En los países cálidos
En las regiones polares
Los animales, mis compañeros
Ilustraciones de Philippe Salembier
Adaptación de Rosa Pichel

C/ Campezo, s/n - 28022 Madrid
Tel.: 913 009 102 - Fax: 913 009 118

Historias de Animales

SERVILIBRO

Historias de Animales

Índice

Vida en la granja

ADRIÁN Y SARA VAN A PASAR LAS VACACIONES JUNTO A SUS TÍOS LOS GRANJEROS. BOLI, EL PERRO GUARDIÁN, SE IMPACIENTA.
«¿DÓNDE ESTÁN LOS PEQUEÑOS?», SE PREGUNTAN TAMBIÉN LOS PALOMOS Y LAS TÓRTOLAS.

Aquí está Sara. Ha ido a visitar a las cabras, que la saludan con dulces balidos. Los cabritillos saltan a su alrededor. El macho cabrío sacude sus enormes cuernos y su barbita. ¡Pero qué ruidosos son estos cabritillos! Y como jugar abre el apetito, los pequeños van hacia su madre, que les da de mamar. La leche de las cabras se utiliza en la granja para hacer deliciosos quesos.

Los corderos balan al ver que Adrián y Sara se acercan.

«¡Cómo han crecido desde las últimas vacaciones!», piensa una oveja.

El rebaño también ha crecido: cada oveja ha tenido uno o dos corderitos. Forman una bella familia.

—¡Ten paciencia! —dice Adrián a un cordero—. Tu mamá te dará de mamar cuando termine tu hermano.

A Sara le encanta pasar
la mano sobre la suave
lana de los corderitos.
Como pronto van
a esquilar a las ovejas,
su tía les ha prometido
hacerles abrigos
y jerséis de lana.

¡QUÉ REVUELO HAY EN EL CORRAL! LOS PATOS Y LAS PINTADAS CHILLAN, Y EL GALLO HINCHA SU PECHO PARA CANTAR: ¡QUIQUIRIQUÍ! TODAS LAS AVES DE LA GRANJA ESTÁN MUY CONTENTAS PORQUE SABEN QUE ADRIÁN Y SARA VAN A HACERLES UNA VISITA.

Las vacas también esperan la visita de Adrián y Sara. Emocionadas, miran a un lado y a otro para ver si les ven llegar. A las vacas les encanta rumiar hierba fresca en el prado. Para ellas es mucho mejor estar tranquilamente en el prado que pasar los inviernos dentro del establo. Las terneras aún no conocen a los niños. Por eso preguntan impacientes:

—Muuuu, ¿vendrán pronto?

—Claro que sí —contesta la mayor del rebaño—, tened un poco de paciencia.

—¡Cómo ha aumentado la familia de los conejos! —exclama Sara.

—¿Verdad? —responde su prima Inés—. Javier y papá han tenido que ampliar la conejera porque ¡no cabían!

Un conejito, inquieto, olisquea la mano de Javier.

«¿Tendrá zanahorias?», piensa el pequeñín.

Sara nota que otro conejito se acerca a ella. ¡Quiere que le tome en brazos! Javier se lo da con cuidado y lo pone entre sus manos. ¡Qué bonito es, con sus largas orejas y sus enormes ojos!

—Venga— dice la gallina a sus polluelos—. Cuando se es madre no se tiene ni un minuto.

Morena ha traído al mundo un precioso ternero. Le da de mamar durante un buen rato y luego le ayuda a sostenerse sobre sus patas.

Pirula, la gata, está muy inquieta porque tres de sus gatitos se han escapado. ¡No se figura que están en el establo!

Adrián y Sara han ido a saludar a Figura, la yegua de la granja. Figura está con su potrillo, que nació hace poco. Como Morena, Figura estará al lado de su potrillo hasta que tenga suficiente fuerza en sus patas.

—¡Hurra!—exclaman las ocas—. ¡Ya se ha puesto de pie! Figura, ¿cómo se llama el pequeño?

—Céfiro —contesta Figura—, porque será rápido como el viento.

Pachá está muy orgulloso de su familia. Pirula ha tenido unas crías preciosas, aunque muy traviesas.

A Pirula no le gusta nada que sus gatitos se alejen de ella. Sólo Pachá puede acercarse a ellos. Bueno... también se los deja a Adrián, Sara, Inés y Javier.

—Vamos, despierta —maúlla dulcemente Pirula en la oreja de su gatito—. Quiero presentarte a unos niños. Vamos, saludad, van a pensar que sois unos maleducados.

Vida en el bosque

GRAN DUQUE, EL BÚHO, OBSERVA DESDE LO ALTO DE UNA ROCA. HA PASADO LA NOCHE CAZANDO. LA JORNADA HA AMANECIDO PRECIOSA Y GRAN DUQUE APROVECHA PARA DARSE UNA VUELTA POR EL BOSQUE.

¡Viva la primavera! En la espesura, Coqui y Roqui miran atentamente a sus cachorros, que juegan a pleno sol.

—No os hagáis daño —les dice mamá Coqui.

Su vecino, el tejón, sale de su madriguera de muy mal humor porque los traviesos zorritos hacen mucho ruido cuando juegan.

—¡Podíais tener más consideración! —les gruñe.

Los cachorros, que no querían hacer tanto ruido, le piden disculpas y el tejón vuelve de nuevo a la madriguera.

Bajo el cielo gris del otoño, los jabalíes salen de paseo. Bum, el padre, está muy orgulloso de sus nueve jabatos.

—¿Por qué nuestros hijos tienen esas rayas? —pregunta curioso.

—Todos los jabatos las tienen, querido, ¿ya no te acuerdas? —responde su compañera.

Con sus hocicos pegados al suelo, los pequeños buscan bellotas, raíces...

—¡Qué frío hace! El invierno será duro — dice la ardilla roja—. Seguidme, tenemos que hacer provisión de avellanas. También el arrendajo guarda bellotas para pasar el invierno.

La primavera ha vuelto al bosque.

Los gamos lucen una nueva cornamenta, más altiva que la anterior. Esperan impacientes la llegada de sus nuevos retoños. Cuando nazcan habrá una gran fiesta.

—Acompáñame —dice el gamo a su compañera—. He guardado para ti dulces bellotas, suaves cortezas y jugosos champiñones.

—¡Qué bien!—responde ella—. ¡Tengo un hambre!

HAN NACIDO CUATRO NUEVOS GAZAPOS. ¡LA FAMILIA NO DEJA DE CRECER! MENOS MAL QUE LA CONEJERA ES GRANDE Y LA SEÑORA LIEBRE PUEDE CUIDAR MUY BIEN A SUS PEQUEÑOS

—Buenos días, liebres —saludan los faisanes de preciosas plumas—.

—Buenos días, vecinos. ¿Cómo estáis? —responden contentos.

—Oh, muy bien. Mamá faisán empolla los huevos y pronto aumentará la familia.

—¡Vaya! ¡Me parece que ese pez tan estupendo no será para nosotros —suspira el martín pescador mirando de reojo a la nutria.

—¡Paciencia, pequeño!, te prometo que el siguiente sí será nuestro —le responde la garza.

—¡QUÉ BUEN DESAYUNO! —EXCLAMA UNA DE LAS NUTRIAS—. ¡EL PEZ ESTABA DELICIOSO!

¡QUÉ BONITA ES LA CERVATILLA QUE ACABA DE NACER! TIENE LAS MISMAS MANCHAS QUE SUS HERMANOS. LAS MAMÁS CIERVAS SE AYUDAN UNAS A OTRAS CUIDANDO A LOS RECIÉN NACIDOS DE LA MANADA. DE LEJOS LOS HERMANOS DE LA NUEVA CERVATILLA LA ESPERAN IMPACIENTES.

DENTRO DE DOS AÑOS FORMARÁN SU PROPIA FAMILIA.

Los hurones se cuentan las novedades del bosque. Desean que todos sus amigos sean muy felices en su maravilloso hogar.

Vida en los campos

DESDE QUE EMPEZÓ EL INVIERNO, PETIRROJOS, GORRIONES Y OTROS PÁJAROS ACUDEN A LOS COMEDEROS QUE JUANÓN, EL GRANJERO, LES LLENA DE GRANO PARA QUE NO MUERAN DE HAMBRE.

Nada más llegar la primavera, en la granja de Juanón han nacido dos preciosos borriquitos. En cuanto se tienen en pie, corren hacia sus madres, que les acompañan a los verdes prados, donde un gorrión y un paro hacen concurso de canto. Una mariposa revolotea de aquí para allá agitando sus vistosas alas de alegres colores. A la hora precisa, Juanón uncirá con dulzura y paciencia a los asnos, que son los compañeros ideales para dar largos paseos. Ellos también disfrutan brincando de un lado a otro.

Cerca de la granja de Juanón hay un pequeño estanque. Cada año, en primavera, todos van allí a refrescarse; algunos llegan de tierras lejanas.

Mientras, los patitos juegan alegremente en el agua y un grupo de patos salvajes ve el estanque desde el cielo.

Una garza y un martín-pescador se disputan un pez ante la atenta mirada las ranas, que no paran de croar.

El perro de Juanón es un fiel compañero y guardián irreemplazable del rebaño. Eficaz, rápido y severo cuando hace falta, sabe reunir a los corderos y conducirlos hasta el prado sin que ninguno se pierda.

Si algún cordero se aleja del rebaño, le llama con un autoritario ladrido.

El caballo de tiro es un trabajador infatigable. Ahora apenas trabaja en el campo porque se utilizan tractores. Pero por nada del mundo Juanón y sus hijos dejarían de trabajar con ellos: son muy eficaces sacando madera del bosque sin dañar nada. ¡Esto sí que es ecológico!

EL GATO AVANZA SIGILOSAMENTE POR EL PRADO.

—¿QUÉ SE MUEVE AHÍ ABAJO? —GRAZNAN LOS CUERVOS.

—¡ES UN TOPO, Y SERÁ PARA MÍ! —REPLICA UN CERNÍCALO.

«Qué curioso es el mundo algunas veces», cavila asombrado el gato al ver salir de debajo de la tierra un extraño animal de cuerpo negro y rechoncho, hocico rosa y puntiagudo, y ojos pequeñísimos. Cuando el extraño saca sus patas, el gato ve unas uñas largas y afiladas.

—¡Ha salido el topo! ¡Huyamos! —exclaman dos caracoles.

Pero como el topo es casi ciego, no ha reparado en ellos.

—No nos ha visto. Por si acaso, será mejor que volvamos a casa —dice un caracol.

—¡A QUE NO ME ALCANZAS! —RETA LA JOVEN CIERVA A SU COMPAÑERO DE JUEGOS. LOS DOS SALEN DISPARADOS, ABANDONANDO MOMENTÁNEAMENTE A SUS MADRES Y A LA MANADA, PERSIGUIÉNDOSE, LIGEROS Y JUGUETONES, A TRAVÉS DEL BOSQUE.
ES UNA BUENA MANERA DE DIVERTIRSE.

Cuatro ratones de campo se están dando un festín. Se sujetan a las espigas en difícil equilibrio y poco a poco las van dejando vacías.

—Gruu-gruuu —se arrullan dos tórtolas.

Son muy cariñosas y pronto formarán una bonita familia.

LAS VACAS RUMIAN TRANQUILAMENTE TUMBADAS EN EL PRADO. CUANDO TERMINEN, DARÁN DE MAMAR A LOS TERNEROS. COMO TIENEN MUCHA LECHE, JUANÓN LAS ORDEÑARÁ MÁS TARDE Y CON LA LECHE QUE DEN PODRÁ HACER PRODUCTOS MUY NUTRITIVOS.

EN EL BAJO BOSQUE, EN MEDIO DE LA ESPESURA, VIVE UNA FAMILIA DE ERIZOS. DE REPENTE, LOS PEQUEÑOS EMPIEZAN A GRITAR Y A EMPUJARSE PORQUE HAN VISTO UNOS CARACOLES.

Vida en las montañas

EL INVIERNO ES MUY CRUDO EN LAS MONTAÑAS. PERO A LAS GAMUZAS NO LES IMPORTA. ELLAS JUEGAN ALEGREMENTE EMBISTIENDO A LOS COPOS DE NIEVE CON SUS CORTOS CUERNOS.

La liebre de la montaña cambia el color de su pelaje en invierno: ahora es blanco como la nieve. Sólo tiene negra la punta de sus orejas.

LAS CABRITAS Y LOS CABRITILLOS SE REÚNEN PARA BUSCAR COMIDA. EN LA FRÍA ESTACIÓN DEL INVIERNO ES MUY ESCASA Y HAY QUE BUSCARLA DURANTE MUCHAS HORAS.

Un gato salvaje acecha al pequeño petirrojo, que se cree a salvo en la montaña. Pero no es así: desde hace un rato el gato se va acercando con sigilo. Mueve lentamente su tupida cola, adornada con franjas negras. No hay que confiarse porque el gato es ágil y rápido. En cuanto pueda, intentará atrapar al petirrojo.

EN LO ALTO DEL CIELO PLANEA UN ÁGUILA REAL
QUE VE LAS INTENCIONES DEL GATO SALVAJE.
EN EL NIDO DEL ÁGUILA DOS AGUILUCHOS
PÍAN PIDIENDO COMIDA.

Cuando llega la primavera, los osos pardos salen de sus madrigueras, donde han estado hibernando durante el frío invierno. ¡Tienen mucha hambre después de tanto tiempo! Los mayores enseñan a los cachorros cómo encontrar comida en los árboles, lo rica que está la miel de las abejas, o cómo pescar un buen pez en el río...

Los cachorros de los osos pardos son muy traviesos y se pasan el día jugando.

La manada de lobos descansa. La caza ha sido buena y están reposando la comida. Deben luchar para sobrevivir. Un lobo no olvida jamás.

El lobo está alerta porque desconfía del hombre, que siempre le ha perseguido. Mientras, los cachorros juegan alegremente. Rex, el jefe de la manada, se desvive para que todo vaya bien. Todos le obedecen; se ha ganado la confianza de los demás.

En los verdes pastos, un grupo de íbices se encuentra con un grupo de gacelas. ¡Qué escandaloso encuentro!

—¡La hierba ya está verde! —grita Mismi, la marmota más experta.

De repente, surge de las galerías subterráneas toda la colonia de marmotas, con sus cortas orejas bien tiesas, moviendo los hocicos. ¡Ah, las muy golosas, cómo olfatean la comida! Rápidamente se sientan sobre sus partes traseras y comienzan a roerlo todo.

Pero sin olvidar que el águila real ronda por allí...

La transhumancia llega cada verano. Gastón, el pastor, baja con su rebaño desde los pastos de las montañas a los del valle. Acompañado de sus fieles perros, vive durante el verano en la granja. Sus perros son los mejores del lugar. Nunca han perdido una oveja del rebaño porque las vigilan atentamente.

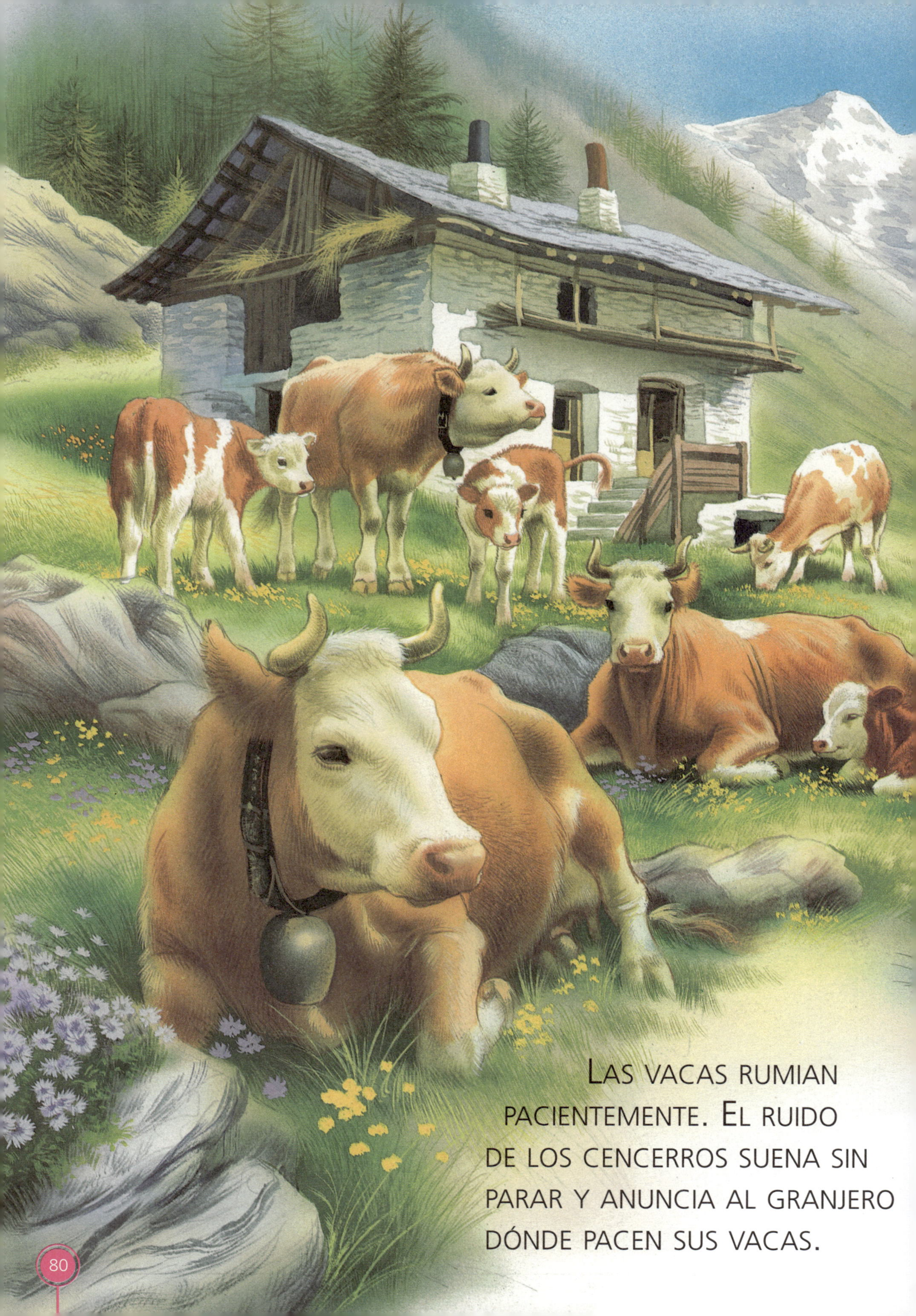

LAS VACAS RUMIAN PACIENTEMENTE. EL RUIDO DE LOS CENCERROS SUENA SIN PARAR Y ANUNCIA AL GRANJERO DÓNDE PACEN SUS VACAS.

Durante el verano, las vacas de Juanón pasan la mayor parte del tiempo en el prado. Sólo entran al establo cuando cae la tarde. A las cabras, sin embargo, les gusta más la montaña. ¡Es que trepan muy bien! No les es nada difícil subir a lo más alto para comer hierba fresca. Pero como han nacido varios cabritillos, también pasan parte del verano en la granja. ¡Son muy pequeños y aún no son grandes escaladores!

Los perros San Bernardo se utilizan para encontrar a las personas que se pierden en la nieve. Gastón le ha dicho a Lisa que el año que viene le regalará un cachorrito.

En los países cálidos

CUANDO SE VA DE SAFARI FOTOGRÁFICO POR ÁFRICA, HAY QUE LEVANTARSE MUY TEMPRANO PORQUE A ESAS HORAS DEL DÍA ES CUANDO LOS ANIMALES DE LA SABANA OFRECEN EL ESPECTÁCULO MÁS FASCINANTE.

La elegante gacela saluda a los simpáticos chimpancés, que están muy excitados porque la noche anterior ha nacido un pequeño.

El macho dominante, orgulloso por lo ocurrido, cuenta y recuenta a las hembras: ahora son nueve.

Si un hipopótamo está mucho tiempo fuera del agua, se vuelve rosa, como los flamencos. Les gusta tanto el agua que sólo se acercan a la orilla para comer. Tan sólo dejan fuera del agua la nariz y los ojos.

A la sombra de las acacias, el clan de los leones descansa. Sergio y Rubén, que son reporteros gráficos, se apean de su vehículo para hacer fotos.

Con su espléndida melena, los machos vigilan atentos. Las hembras, se ocupan de las crías y también de cazar para conseguir comida para la manada. Un poco más lejos, un grupo de ñúes come tranquilamente.

—¿Sabes que hay una estrecha colaboración entre los elefantes y los picabueyes? —explica Sergio—. Cuando los elefantes beben, espantan a los mosquitos con el agua que recogen con la trompa. Los picabueyes aprovechan el momento para abrir el pico y comerse a los insectos. Además libran a los paquidermos de los molestos parásitos que tienen en la piel.

Pese a su aspecto, los rinocerontes blancos son muy sociables: comparten las charcas amigablemente con otros animales. Parecen pacíficos, pero pobre del hombre al que le ataque un rinoceronte. ¡Sus cornadas son tan temibles o más que las de un toro!

La jirafa es el mamífero más alto del mundo. ¡Puede llegar a medir más de seis metros de altura! Para beber tiene que abrir mucho sus patas delanteras: sólo así llega su boca al agua de la charca. Es tan alta que cuando nace tiene bastantes dificultades para mantenerse en pie.

Como otras aves, el abejaruco ha vuelto a África para escapar del frío invierno europeo.

A las cebras no les gusta la soledad: en su territorio viven varias familias, cada una dominada por un solo macho.

Otros animales, como los búfalos y los jabalíes, comparten espacio con las cebras.

En otro de sus viajes Sergio y Rubén tuvieron la suerte de fotografiar juntos a cocodrilos y tigres.

—Menos mal —recuerda Rubén— que cada grupo estaba ocupado en vigilar al otro y ni los cocodrilos ni los tigres se fijaron en nosotros. Nos arriesgamos demasiado acercándonos tanto, pero valió la pena.

En el desierto, Sergio y Rubén van en busca del zorro del Sáhara, muy aficionado a los lagartos y las lagartijas

En las regiones polares

UNA DE LAS AVES CON UN ASPECTO MÁS GRACIOSO ES EL FRAILECILLO, QUE ES, ADEMÁS, ¡UN MAGNÍFICO PESCADOR!

El bebé del pájaro bobo está muy calentito debajo del vientre de su madre. Durante un tiempo sus padres se ocupan de él: mientras el macho incuba el huevo durante 64 días, la hembra pesca para los dos. ¡Es la encargada de conseguir comida cada día!

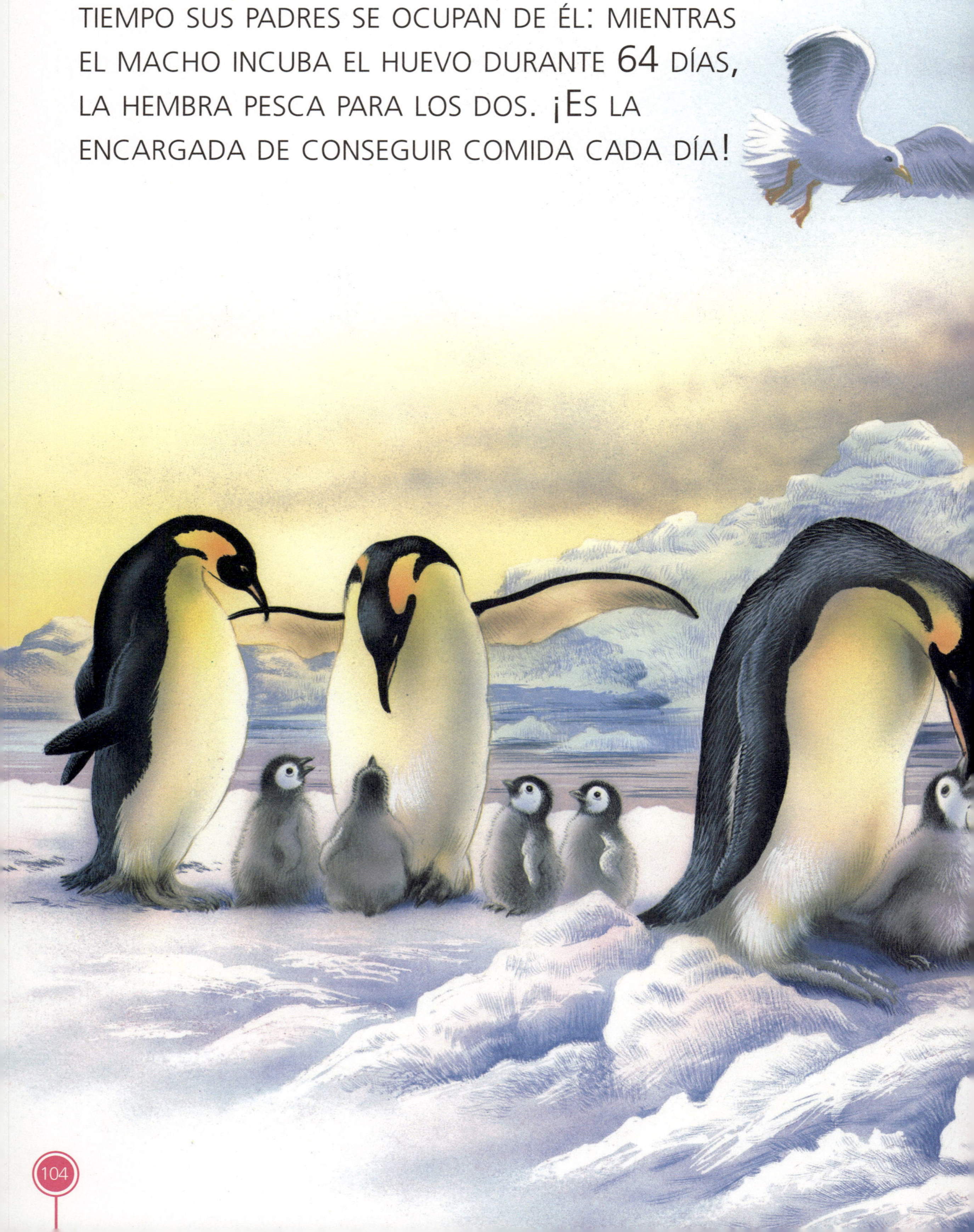

LAS GAVIOTAS REVOLOTEAN ALREDEDOR DE LOS ZORROS ÁRTICOS, PERO TIENEN BUEN CUIDADO DE NO DEJAR SUS HUEVOS AL ALCANCE DE LAS RAPOSAS.

LOS ZORROS HUSMEAN PARA VER SI ENCUENTRAN ALGO, PERO NO LES LLEGA EL DELICIOSO Y DESEADO AROMA.

La foca acaba de tener dos crías preciosas. Desde ahora mismo les enseñará a evitar el peligro y a buscar comida. A las gaviotas de mar, además del pescado, les encanta comer los crustáceos que hay entre las rocas.

La mejor manera de desplazarse en Alaska es en trineo tirado por perros.

Cada perro del trineo tiene su propia personalidad y oficio: uno es el guía, otro el más resistente, otro el más veloz…

Los renos saben que es mejor ir en manada porque pueden tener problemas con los lobos o los perros.

La primavera ha llegado y los oseznos, que son muy juguetones, se lo pasan en grande. Este año la manada ha aumentado bastante: han nacido cuatro oseznos. Los adultos se dedican a tomar el sol primaveral y a pescar para todos.

El oso polar es el carnívoro más grande de la Tierra.

El elefante marino es enorme, el pinnípedo más grande del mundo. La grasa que acumula le es imprescindible para no pasar frío. Los machos braman llamando a las hembras: es la época del apareamiento.

Los esquimales que viven en las regiones polares se alimentan principalmente de pescado. Por eso salen a faenar a diario en el mar helado.

LAS CRÍAS DEL PÁJARO BOBO ABREN SUS PICOS PORQUE ESPERAN QUE LOS ADULTOS LES LLEVEN SU COMIDA. LAS ENORMES MORSAS TAMBIÉN TIENEN QUE ALIMENTAR A SUS CRÍAS. ¡QUÉ GLOTONES SON TODOS!

LA FAMILIA DE LOS ALCES TAMBIÉN HA CRECIDO. EL PEQUEÑO QUE ACABA DE NACER DEBERÁ ESPERAR PARA LLEGAR A TENER UNA CORNAMENTA TAN IMPRESIONANTE COMO LA DE SU PADRE.

Los animales, mis compañeros

EL CONEJILLO DE INDIAS MUESTRA A SU CRÍA LOS GRANOS DE TRIGO, PERO EL PEQUEÑO AÚN PREFIERE LA LECHE DE SU MAMÁ.

Gema vive en una hermosa casa de campo donde hay muchos perros. Ella misma ha elegido sus nombres: Starla, que acaba de tener dos preciosos cachorros, es una hermosa podenco.

El pastor escocés se llama Valiente, y su compañera, Bella.

Los juguetones perritos que persiguen a las mariposas son Chispa y Rayito. ¡Ahora sólo hay que buscar un nombre a los recién llegados!

A Belén, Irene y Cheli, las amigas de Gema, no hay nada que les guste más que dar un paseo en poni. ¡Al paso, al trote y al galope! Aunque Gema es muy buena profesora, de vez en cuando tienen algún susto...

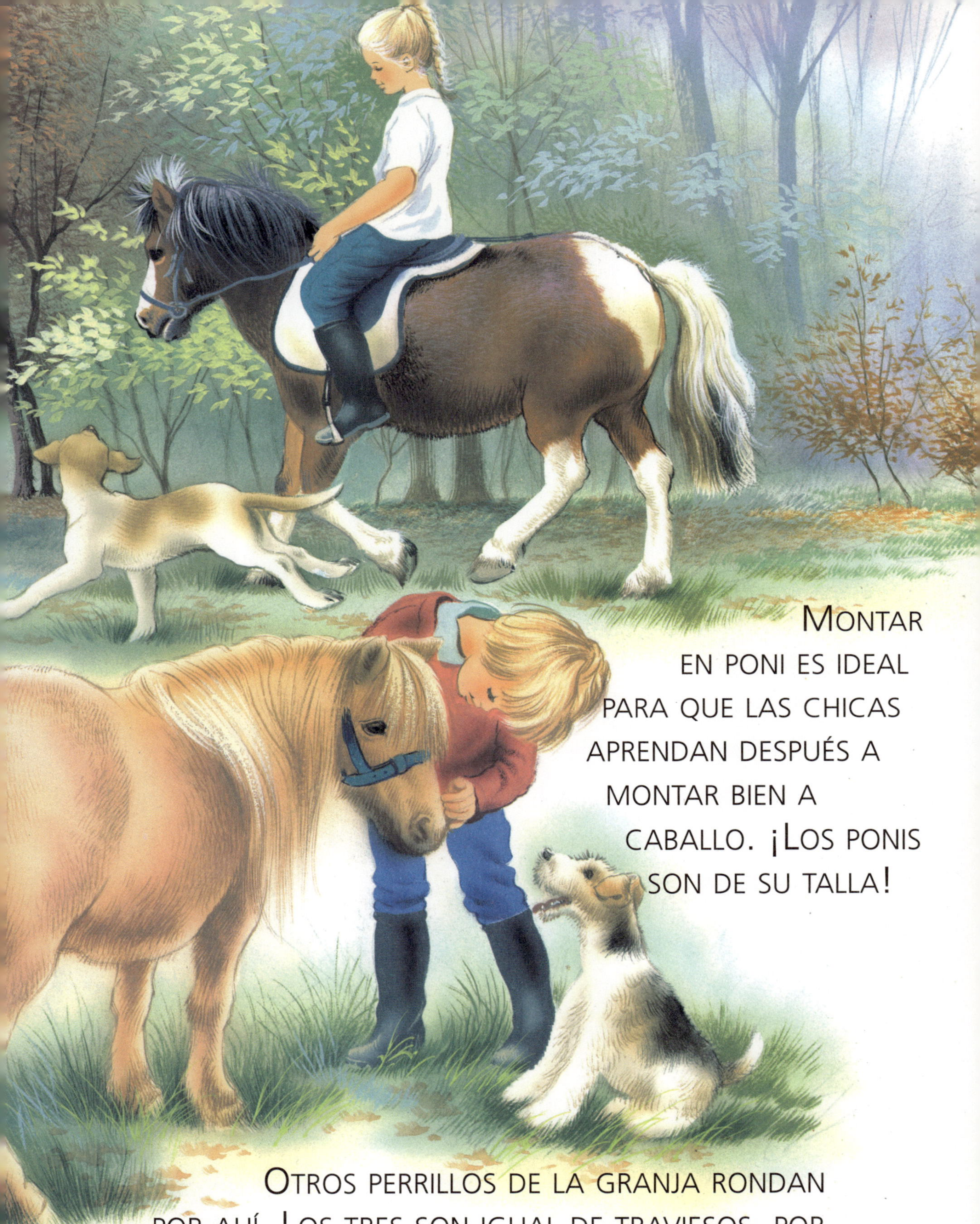

Montar en poni es ideal para que las chicas aprendan después a montar bien a caballo. ¡Los ponis son de su talla!

Otros perrillos de la granja rondan por ahí. Los tres son igual de traviesos, por eso tienen nombres parecidos: Mimos, Minos y Milos. ¡Qué lío!

En un rincón del jardín, el papá de Gema ha puesto la pajarera. Los canarios y los periquitos están a sus anchas.

LAS RATITAS DE LA GRANJA TRABAJAN AFANOSAS AL RITMO DE LOS TRINOS DE LOS CANARIOS. ¡QUÉ MARCHA LLEVAN!

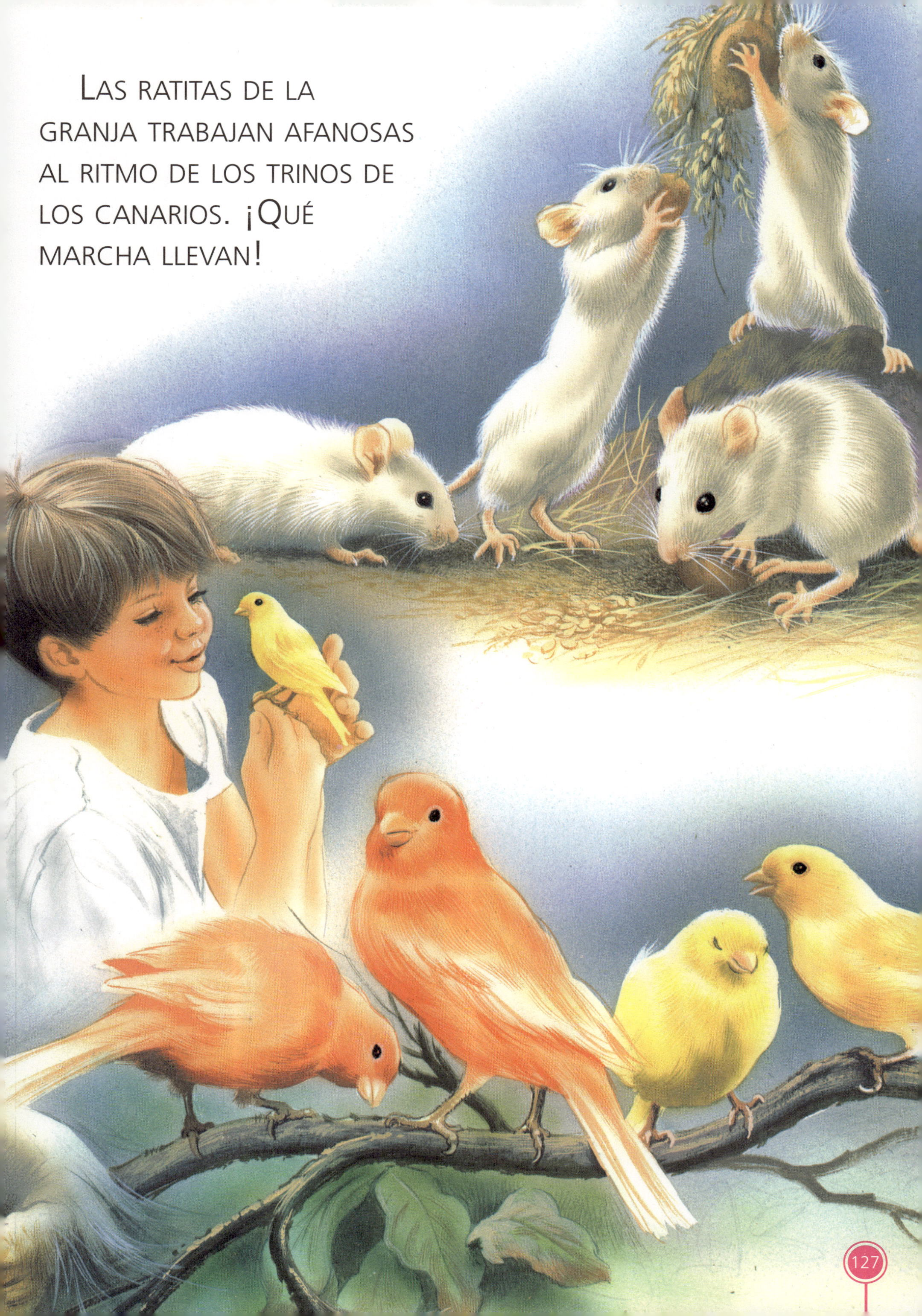

En la granja también hay espléndidos caballos: Cibeles y Neptuno hacen una buena pareja. Acaban de tener un vigoroso potrillo, al que Gema le ha puesto de nombre Hércules.

LAS PALOMAS REVOLOTEAN NERVIOSAS DE UN LADO PARA OTRO. ¡HAY BASTANTES GRANOS DE TRIGO POR EL SUELO! LOS MÁS PEQUEÑOS SON UNOS GLOTONES Y SE LANZAN EN PICADO SOBRE LA COMIDA.

Los gatos también tiene un sitio en la casa de Gema.

Son bastante traviesos y siempre se meten en líos: mientras uno quiere comerse los peces de la pecera, otros persiguen a las ágiles mariposas…

¡Ninguno tendrá éxito, seguro!

MILOS
TIENE MIEDO DE
ACERCARSE AL ERIZO PORQUE NO QUIERE
PINCHARSE CON SUS PÚAS. MIENTRAS, LOS
BURRITOS OBSERVAN LA ESCENA DIVERTIDOS.
¿SE HARÁN AMIGOS O SALDRÁN TARIFANDO?

LA BURRITA GRACIOSA HA TENIDO DOS CRÍAS: OREJUDO Y OREJÓN. ¡SON TAN SIMPÁTICOS!

EL MACHO CABRÍO MANDA EN TODO EL REBAÑO. LAS CABRAS Y LOS CHIVITOS LE OBEDECEN SIN RECHISTAR. COMO CADA AÑO, LA MANADA HA AUMENTADO: HAN NACIDO BASTANTES CABRITILLOS, QUE SON EL ORGULLO DE SUS PADRES.

LA CASA DE GEMA ES UN VERDADERO PARAÍSO PARA LOS ANIMALES.

SE LO PASAN EN GRANDE Y LOS CUIDAN MUY BIEN. ¡HASTA LOS CONEJITOS SALEN DE SU GAZAPERA PARA SALUDAR A SU AMIGA!